KB043730

도시, 정원을 꿈꾸다

2013 경기정원문화대상 수상작품집

도시, 정원을 꿈꾸다

2013 경기정원문화대상 수상작품집

펴낸날 2013년 8월 30일
발행인 경기농림진흥재단 이사장 박수영
편집인 경기농림진흥재단 대표이사 김정한
펴낸곳 경기농림진흥재단
홈페이지 www.ggaf.or.kr
기획 제2기 경기정원문화위원회
편집 (주)환경과조경

출판 도서출판 **조경**
주소 경기도 파주시 문발동 파주출판도시 529-5
전화 031-955-4966 팩스 031-955-4969

정가 12,000원

도시,
정원을
꿈꾸다

2013 경기정원문화대상 수상작품집

발 간 사

제3회 경기정원문화대상에 작품을 응모해주신 정원을 사랑하는 모든 도민 여러분께 깊은 감사를 드리며, 수상하신 분들께 진심으로 축하의 말씀을 드립니다.

2006년부터 시작된 경기정원문화대상이 올해 3회를 맞이했습니다. 2006년 1회를 시작으로 올해 7년이 지났습니다. 그동안 우리 재단은 2010년 제1회 경기정원문화박람회, 2011년 제2회 경기정원문화대상, 2012년 제2회 경기정원문화박람회 등의 사업을 지속적으로 펼쳐왔습니다. 특히 올해는 2013 순천만국제정원박람회를 비롯하여, 가드닝 관련 잡지가 다수 창간되는 등 정원에 관심 갖는 분들이 부쩍 많아진 해입니다.

경기정원문화대상은 이런 정원문화 확산의 흐름 속에서 '정원'을 매개로 한 다양한 정원문화 콘텐츠에 초점을 두고 '정원을 가꾸는 사람'이 스스로 만들고 가꾸는 열정과 노력을 보다 중시해 '정원문화 공동체'로 전파될 수 있는 모델 발굴에 중점을 두었습니다.

아름다운 정원은 도시의 경관을 푸르게 만들어주고, 감미로운 꽃향기와 싱그러운 풀 냄새는 메말라 있는 도시민의 정서를 순화시켜 줍니다. 정원을 가꾸는 동안에 스트레스는 자연스레 풀어지고, 식물의 피고 지는 것을 보는 기쁨은 마치 자식을 키우는 것과 비교할 수 있을 정도의 기쁨이라고들 합니다.

이처럼 정원과 정원문화는 개인의 삶을 윤택하게 할 뿐만 아니라, 정원을 중심으로 형성된 커뮤니티는 아름다운 골목정원, 마을정원, 학교정원으로 확산되어 경기도를 정원도시로 만들어 줄 것입니다.

'제3회 경기정원문화대상'에 참여해주신 도민 여러분과 공모전의 기획부터 진행, 심사까지 함께 해주신 제2기 경기정원문화위원회 위원님들의 노고에 감사드리며, 수상자 여러분의 정원이 더욱 아름다워지길 기대합니다. 수상을 축하드립니다.

2013. 8. 30

경기농림진흥재단 대표이사

김 정 한

contents

목차

공동정원부문 수상작

네티즌인기 수상작

GRAND PRIZE GARDEN
대상 수상작

대 상 자연과 함께 하는 정원

GRAND PRIZE GARDEN
대상 수상작

자연과 함께 하는 정원

캐나다의 부차드가든을 수차례 방문하며 느꼈던 아름다움을 재현하고자 시작했던 정원이 지금에 위치한 벽계계곡의 특성을 잘 표현하는 정원이 되었다. 유수한 계곡을 배경으로 한국고유의 나무와 야생화로 조성되어 있는 정원이 분리되어 있어 현재의 모습에서, 두 공간의 경계를 허물고 자연스럽게 연결시켜 인공적으로 가꾸어지는 정원의 아름다움과, 자연이 만들어내는 풍치를 조화시키는 모습으로 가꿔나갈 것이다.

주 소 경기도 양평군 서종면 수입리 529

면 적 4,528㎡

정원을 가꾼 기간 10~20년

정원의 용도
- 조각이 있는 예술적인 영감이 있는 정원
- 꽃과 나비를 즐기는 아름다운 정원
- 넓은 잔디밭으로 푸르름을 즐기는 정원

시설물 현황 연못, 분수, 파고라, 데크, 조형물, 퇴비통

상록교목 소나무, 주목, 구상, 잣나무

낙엽교목 벚나무, 단풍, 매화, 밤나무, 감나무, 느티나무

상록관목 반송, 눈주목, 회양목

낙엽관목 철쭉, 영산홍, 조팝, 화살, 산머루수, 장미, 수국, 삼색조팝, 홍조팝, 황금조팝

숙근초 붓꽃, 금낭화, 돌단풍, 맥문동, 매발톱, 바늘꽃 등 다수

일년초 코스모스, 백일홍, 들국화, 금불초, 맨드라미, 해바라기, 구절토 등 다수

덩굴성 등나무, 능소화, 인동, 포도

1 게스트하우스 데크 주변
2 게스트하우스 정원 주변
3 정원메인 산책로

1, 2, 3
정원 내 시설물 디테일
4, 5, 6, 7
정원 내 다양한 휴게공간

1 메인주택 전경
2, 3, 4
출입구전경

1

2	3
4	5

1 정문 메인 산책로
2, 3, 4, 5
정문 식재 디테일

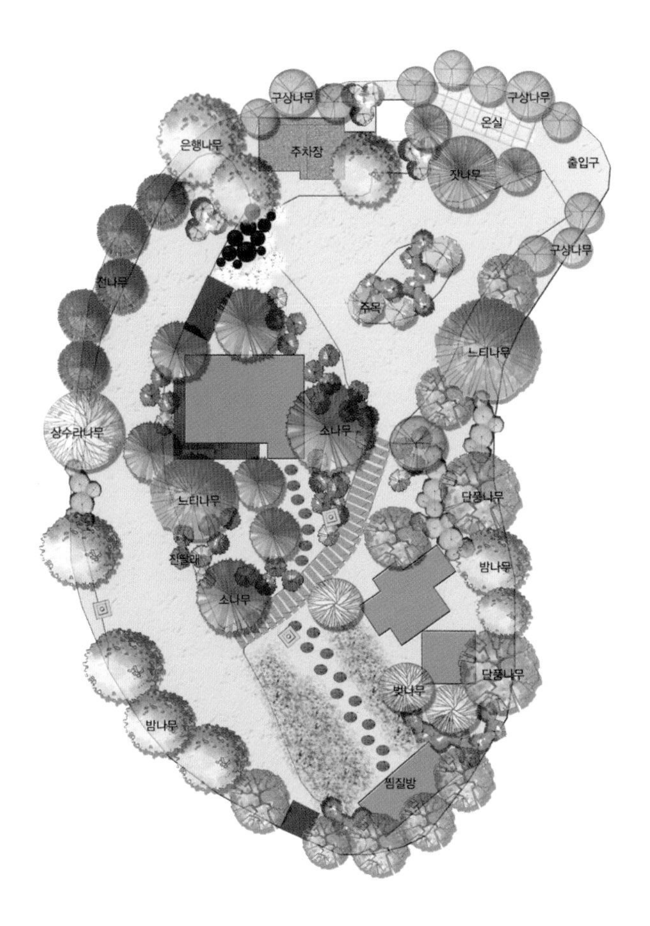

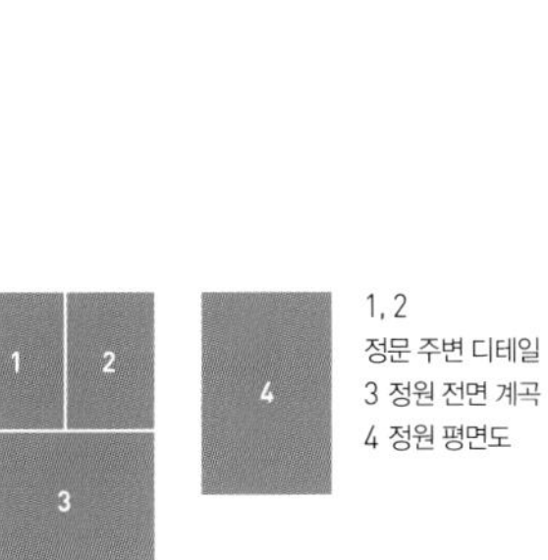

1, 2 정문 주변 디테일
3 정원 전면 계곡
4 정원 평면도

수 상 소 감

장 기 영

캐나다의 부차드 가든을 수차례 방문하며 느꼈던 아름다움을 재현하고자 시작했던 정원이 지금은 위치한 벽계계곡의 특성을 잘 표현하는 정원이 되었다. 유수한 계곡을 배경으로 한국고유의 나무와 야생화로 조성되어 있어 정원이 분리되어 있는 현재의 모습에서, 두 공간의 경계를 허물고 자연스럽게 연결시켜 인공적으로 가꾸어지는 정원의 아름다움과 자연이 만들어내는 풍치를 조화시키는 모습으로 가꿔나갈 것이다.

지리적 특성을 이용하여 만든 정원이라, 자연의 힘을 빌은 이 상은 제가 받을게 아니라, 자연이 주신 선물이라 생각하며, 항상 자연에게 감사한 마음으로 하루를 살아가고 있으며, 앞으로도 자연과 함께 교감하며 살아가고자 한다.

사람의 힘이 더해지지 아니하고 스스로 존재하거나 저절로 이루어지는 자연은 우리에게 없어서는 안 될 중요한 요소이다.

PRIVATE GARDEN
개인정원부문 수상작

최우수상 드림하트

우 수 상 소나무동산

장 려 상 뵈뵈 뜰, 샬롬 | 솔향기정원 | WATER GARDEN & OUT DOOR LIVING | 자연사랑 놀이터 | 히어리

PRIVATE GARDEN
개인정원부문 수상작

드림하트

정원 이름처럼 우리가 꿈을 꿀 수 있는 마음의 중심터 이었으면 합니다.
한쪽으로 연못 위에 작은 폭포가 흐르고, 그 옆엔 작은 음악회를 열 수 있는 무대를 만들고, 또 다른 한쪽에는 하얀 돌과 검은 돌로 바닥을 꾸며서 그 주변엔 예쁜 꽃들을 둘러 심어 놓고, 가운데엔 푸르른 잔디를 심어 놓고, 다른 한쪽에 데크를 깔아 음악과 함께 차를 마실 수 있는 공간을 만들고, 그 옆에는 우리 사랑하는 진돗개 두 마리를 키울 수 있는 정원을 만들고 싶습니다.

정원정보

주소	경기도 남양주시 와부읍 월문리 6-8 해비치밸리
면적	400㎡
정원을 가꾼 기간	3~5년
정원의 용도	• 넓은 잔디밭으로 푸르름을 즐기는 정원 • 큰나무 그늘에서 쉬거나 차를 마시는 정원 • 꽃과 나비를 즐기는 아름다운 정원
시설물 현황	연못, 분수, 데크, 파고라, 조형물, 그네, 원탁

주요 식재 수종

상록교목	소나무, 주목, 구상나무, 대나무
낙엽교목	벚나무, 단풍, 매화
상록관목	반송, 눈주목, 회양목
낙엽관목	철쭉, 영산홍, 조팝, 앵두, 복숭아, 진달래
숙근초	금낭화, 장미, 목련 등
덩굴성	등나무, 능소화, 인동, 포도

1 정원 내 산책로
2 출입구 휴게공간
3 주택 전면부 전경

1
2층 발코니에서 바라본 전경
2, 3, 4
정원 내 시설물 디테일
5 울타리 앞 작은정원

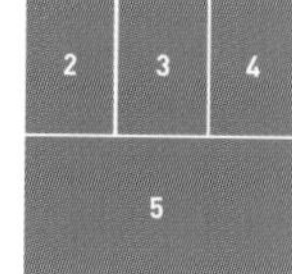

1 출입구 측면에서 바라본 전경
2, 3, 4, 5
정원 내 디테일

1

2	3
4	5

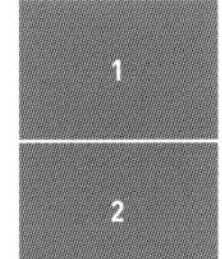

1, 2
출입구 전경
3 현관쪽 산책로
4 정원 평면도

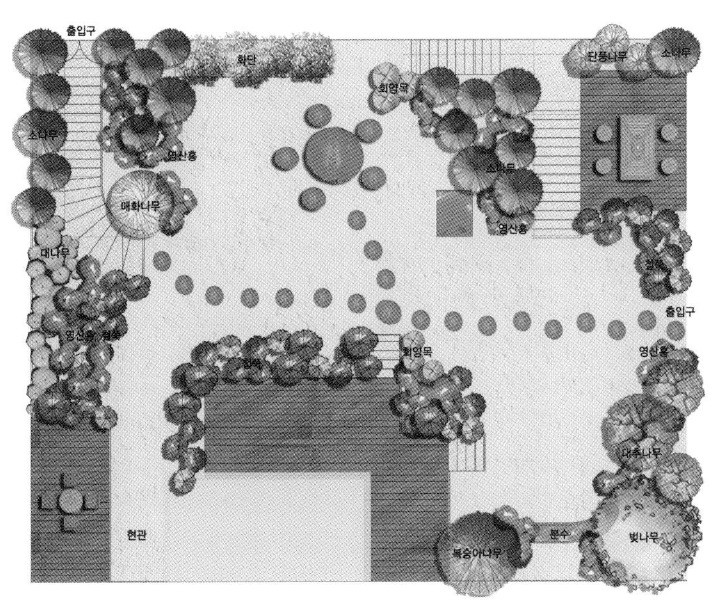

수 상 소 감

차 영 희

개인정원부문 최우수상 수상!
넘 벅차고 가슴설렌다.

근 삼삽년 동안 아파트생활을 해오면서 주변의 버려진 화분만 모아다가 살리는 재미가 꽤 대단했다. 매일 매일 쳐다보면서 한 잎 한 잎 피어나는 그들의 삶을 볼 때마다 난 감미로운 행복을 느낄 수 있었다.

그러나 그런 행복은 갇혀있는 한 공간에 족할 뿐이었다.
이제 우리부부는, 앞에 펼쳐져 있는 산과 우리집 정원과의 어우러짐 속에서, 삼십그루 넘는 소나무들과 또 다른 여러종류의 많은 나무들과 매일 매일 호흡을 같이하며 삶을 즐긴다.
또한 꿈에 그리던 진도개 두마리와도 같이 자연을 만끽하고 있다.

정원에 있는 모든 나무들은 나의 식구다. 한번 보살펴 줄때마다 달라짐을 느낀다.
이런 우리에게 수상소감은 큰 선물 보따리다.
그 덕에 우리 모든 식구들은....... 넘.......
행복하다.

PRIVATE GARDEN
개인정원부문 수상작

소나무동산

주어진 주변환경과 잘 어우러지고 너무 인공적이지 않는 사계가 아름다운 정원을 꿈꾸고 있습니다.
또 기회가 된다면 더욱 많은 시설이 필요하지만 장애아동을 위한 원예치료 및 쉼터로도
활용하고 싶습니다.

정원정보

주소	경기도 화성시 매송면 원평리 504-5
면적	3,000㎡
정원을 가꾼 기간	5~10년
정원의 용도	• 넓은 잔디밭으로 푸르름을 즐기는 정원 • 연못이나 분수가 있는 시원스러운 정원 • 꽃과 나비를 즐기는 아름다운 정원
시설물 현황	연못, 분수, 데크, 조형물, 퇴비통

주요식재수종

상록교목	소나무, 주목, 구상나무, 서양측백, 가이즈카향
낙엽교목	벚나무, 단풍, 매화, 산딸, 감, 모과나무
상록관목	반송, 눈주목, 회양목, 사철
낙엽관목	철쭉, 영산홍, 조팝, 화살
숙근초	붓꽃, 금낭화, 돌단풍, 맥문동
일년초	코스모스, 백일홍, 석죽패랭이
덩굴성	능소화, 인동, 포도, 크레마티스

1 | 2 | 3 | 4

1,2
정원 내 시설물 디테일
3 숙근초원
4 정원 내부에서 바라본 전경

1	2	3

1 수경관 주변
2 소나무와 덩굴성 식물
3 정원 내 시설물 디테일

1 정원 내 산책로
2 정원전경
3, 4, 5
정원 내 디테일

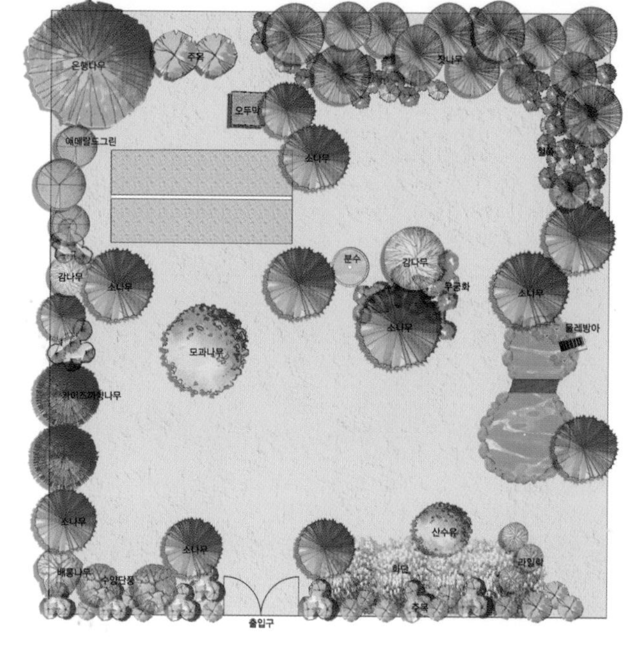

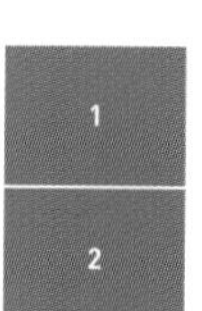

1 정원평면도
2 분수대 주변 식재
3, 4
정원 내 시설물 디테일

이 완 석

어려서부터 자그마한 정원이지만 열심히 꽃과 나무를 가꾸시는 부모님 영향을 받아서인지 새로 이사 온 빌라의 공동정원은 저에게 멀리 느껴만 지게 되고 특히 주말의 무료함은 이루 말할 수가 없게 되었다. 그동안 손수 가꾸어 왔던 작은 정원이 저희 가족에게 많은 행복과 건강을 주었다는 것을 새삼 느끼게 되었고, 아름다운 풍광과 정원을 가진 친구 및 지인들의 전원주택을 동경하게 되였다. 그러나 교통이 편리하고 경치가 아름다운 땅은 저희 형편에 맞지 않아 고심 끝에 풍광이 좋지는 않지만 집에서 교통은 편리한 화성농장을 아름다운 정원으로 만들기로 하였다.
주중에는 직장에 나가고 주말을 이용하여 가꾸기가 7년 뒤돌아보면 결코 쉬운 일이 아니었지만, 집사람과 함께 밤새 정원 이야기하며 디자인하고 계획하는 일은 저희 가족에게 많은 행복과 꿈을 가져다주었던 것 같다. 그동안 저에게 낯설고 무서웠던 예초기, 엔진톱, 고압분무기 등과 친숙해지면서 마을 뒤의 쓰레기 동산은 아름다운 정원으로 변해 갔으며 지금은 그동안 손대지 못했던 지역 가꾸기와 좀더 세밀한 부분 꾸미기에 더욱 노력하고 있다.
저의 '소나무동산'은 가급적 주어진 환경과 지형을 훼손하지 않고 저비용으로 조성하여 전문가의 도움을 받지 않아 부족한 점이 많았다. 하지만 이번 경기문화대상을 통하여 한 단계 도약할 수 있는 계기가 되어 좋았고, 꽃과 나무와 정원을 사랑하는 많은 분들을 뵙게 되어 저희에게 또 하나의 기쁨을 주었다.
"아름다운 정원을 꾸미는 것이 많은 사람들에게 즐거움을 주기 때문에 우리사회에 커다란 봉사" 라는 마을 어르신 말씀을 되새기며 오늘도 "어떻게 하면 더 아름다운 공간을 연출할 수 있을까?" 하는 목하 고민 중이다.

PRIVATE GARDEN

개인정원부문 수상작

뵈뵈 뜰, 샬롬

'샬롬'은 히브리어로 안녕이라는 뜻으로
정신적, 물적, 육체적으로 완전한 이상적 충족상태를 말합니다.
뜰을 찾는 모든이들이 샬롬하기를 바랍니다.

정원정보

주 소	경기도 파주시 아동동 300-11
면 적	257㎡
정원을 가꾼 기간	20년 이상
정 원 의 용 도	• 꽃과 나비를 즐기는 아름다운 정원 • 큰 나무 그늘에서 쉬거나 차를 마시는 정원 • 유기농 먹거리를 위한 텃밭이 있는 실용정원
시 설 물 현 황	데크

낙엽교목	단풍, 매화, 감, 뽕, 두충, 산수유, 목련
상록관목	회양목
낙엽관목	철쭉, 영산홍
숙 근 초	붓꽃, 금낭화, 돌단풍, 맥문동, 복수초, 피나물, 노루오줌 외 30종
일 년 초	백일홍, 봉선화, 맨드라미, 채송화 외 10종
덩 굴 성	능소화, 인동, 포도, 담쟁이, 복분자 등

PROVENCE

1 2 3

1 판석을 이용한 산책로
2 작은 수경공간
3 정원 전경

1 앞마당 화단 디테일
2, 3, 4, 5 정원디테일

PRIVATE GARDEN
개인정원부문 수상작

솔향기 정원

- 소나무 향이 그윽한 정원
- 누구나 찾아와 쉴 수 있는 정원
- 주변 사람들과 어울려서 함께 하는 정원

정원 정보

주소	경기도 안성시 금광면 삼흥리 317-1
면적	4,500㎡
정원을 가꾼 기간	3~5년
정원의 용도	• 넓은 잔디밭으로 푸르름을 즐기는 정원 • 큰나무 그늘에서 쉬거나 차를 마시는 정원 • 꽃과 나비를 즐기는 아름다운 정원
시설물 현황	연못, 데크, 파고라, 조형물, 퇴비통

구분	수종
상록교목	소나무, 주목, 구살나무, 백송
낙엽교목	단풍, 매화, 하동백, 목련, 은행, 모과, 수향단풍, 왕보리수
상록관목	반송, 눈주목, 회양목
낙엽관목	철쭉, 영산홍, 화살
숙근초	붓꽃, 금낭화, 돌단풍, 맥문동, 아이리스, 무스카리, 할미꽃, 작약, 야생화 등
일년초	코스모스, 백일홍
덩굴성	능소화, 인동, 포도

1 정원 내 암석정원
2, 3
수경관 주변
4 정원전경

1	3
2	

1, 2, 3
정원 디테일

장려상, 공동네티즌 인기상 공동수상

PRIVATE GARDEN
개인정원부문 수상작

WATER GARDEN & OUT DOOR LIVING

생활속에 정원이란 어떠한 정원일까?
그냥 바라만 보는 정원에서 OUT DOOR LIVING을 꿈꾸는 별장개념의 공간정원을 생각해본다.
도심속에서 작은마당이 있는 단독주택 안에 이러한 정원을 구현한다는 것이 가능할지를 생각한끝에 옥상에 이를 구현하였다. 이름하여 도심속에 별장 "워터가든"이며 이공간에서 모든 아웃도어 생활(캠핑, 바베큐, 스파, 해먹, 기타야외생활)공간이 되도록 심혈을 기울였다. 앞으로 이를 더 좋은 아웃도어 리빙 정원공간이 될 수 있도록 한층 더 노력할 것이다.

주소	경기도 성남시 분당구 백현동 568-6
면적	117.1㎡
정원을 가꾼 기간	10~20년
정원의 용도	• 연못이나 분수가 있는 시원스러운 정원 • 친지들과 바비큐를 즐기는 즐거운 정원 • 꽃과 나비를 즐기는 아름다운 정원
시설물 현황	연못, 분수, 데크, 파고라, 조형물, 퇴비통, 노천스파, 캠핑텐트, 바베큐

상록교목	소나무
상록관목	반송, 회양목
낙엽관목	철쭉
일년초	코스모스, 백일홍, 샤피니아, 데모로, 보르니아, 랜디, 꽃잔디
덩굴성	장미

1	4
2	
3	

1 정원 내 시설물 디테일
2 수공간 주변 식재
3 테라스 휴게공간
4 정원전경

1 조형물을 이용한 수공간 식재 주변
2, 3, 4, 5
휴게공간 및 디테일

PRIVATE GARDEN

개인정원부문 수상작

자연사랑 놀이터

할 수 있을 때까지 건전한 노동력을 투자하여 기쁨을 누릴 수 있는 정원

정원정보

주소	경기도 양평군 서종면 문호리 690-9
면적	700㎡
정원을 가꾼 기간	5~10년
정원의 용도	• 꽃과 나비를 즐기는 아름다운 정원 • 유기농 먹거리를 위한 텃밭이 있는 실용정원 • 친지들과 바비큐를 즐기는 즐거운 정원
시설물 현황	연못, 분수, 데크, 퇴비통, 비닐하우스

구분	수종
상록교목	소나무, 주목, 구상나무, 전나무, 향나무
낙엽교목	단풍, 매화, 산딸, 목련, 때죽, 자귀, 노각, 모감주, 계수, 층층, 감나무
낙엽관목	영산홍, 목수국, 산수국, 수국, 찔레, 모과, 쥐똥
숙근초	붓꽃, 금낭화, 돌단풍, 맥문동, 범부채, 매발톱, 옥잠화, 상사화, 동자꽃 등
일년초	백일홍, 과꽃, 수레국화, 튤립, 클레마티스, 꽃양귀비, 각종 허브(로즈마리, 타임, 라벤더, 세이지 등)
덩굴성	인동, 포도, 크레마티스, 담쟁이

1
2층계단 주변 디테일
2 정원 산책로 주변
3 정원전경

1 측면에서 바라본 정원전경
2, 3
수공간 주변 식재

PRIVATE GARDEN

개인정원부문 수상작

히어리

다양한 식재를 이용하여 꽃이 필 수 있는 정원

주소	경기도 고양시 일산동구 정발산동 양지마을 407-104
면적	40㎡
정원을 가꾼 기간	10~20년
정원의 용도	• 꽃과 나비를 즐기는 아름다운 정원 • 넓은 잔디밭으로 푸르름을 즐기는 정원 • 큰 나무 그늘에서 쉬거나 차를 마시는 정원
시설물 현황	퇴비통, 돌확, 물통

주요 식재 수종

낙엽교목	단풍, 매화, 살구, 배롱, 마로니에
상록교목	향나무
낙엽관목	영산홍, 명자, 대추, 인동
숙근초	돌단풍, 둥글레, 잔대, 애기나리, 윤판나물, 어성초 등
덩굴성	인동, 포도, 으아리

1 | 2 | 3 | 4

1, 2, 3
정원주변 디테일
4 정원전경

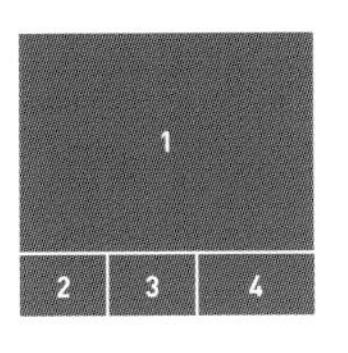

1, 2, 3, 4, 5, 6
정원주변 디테일

COMMUNITY GARDEN
공동정원부문 수상작

최우수상 알토공장 옥상정원

우 수 상 우리꽃 사랑

장 려 상 꿈이 있는 동산 | 성남시 율동생태학습원 그린마루 온실 |

옥상 하늘 공원 | 옥터초등학교 학교커뮤니티 가든 | 향기나는 뜰

COMMUNITY GARDEN
공동정원부문 수상작

알토공장 옥상정원

올해는 허브식재를 중심으로 향기가 나는 테라피 정원을 계획 중이다. 식재지마다 한두가지 허브의 군식으로 흔히 볼 수 없는 정원 분위기를 조성하여 특별하고 모던한 정원을 연출한다. 임직원들이 휴식하며 자연을 즐길 수 있는 정원을 조성하여 직원들의 업무환경이 더욱 쾌적해지는 것을 도모한다. 갖가지 꽃과 나무들로 꾸며진 옥상정원은 춘추행사 시 케이터링 및 행사장소로 오픈하여 다양한 기능을 할 수 있는 정원이 된다.

주소 경기도 용인시 처인구 양지면 주북리 88-2
면적 692.16㎡
정원을 가꾼 기간 3년 이내
정원의 용도
- 꽃과 나비를 즐기는 아름다운 정원
- 친지들과 바베큐를 즐기는 즐거운 정원
- 조각이 있는 예술적인 영감이 있는 정원

시설물 현황 연못, 데크, 파고라, 조형물, 벤치, 테이블

상록교목 은목서
낙엽교목 배롱나무
상록관목 꽃댕강
낙엽관목 철쭉, 목수국, 불두화, 라일락
숙근초 수호초, 복수초, 노루오줌, 층꽃, 용담
일년초 블루세이지, 핫립세이지, 제라늄, 라벤다
덩굴성 마삭줄, 백화 등

1	2	3

1 산책로
2 수공간 주변식재
3 정원 내의 휴게공간

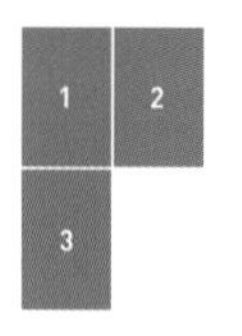

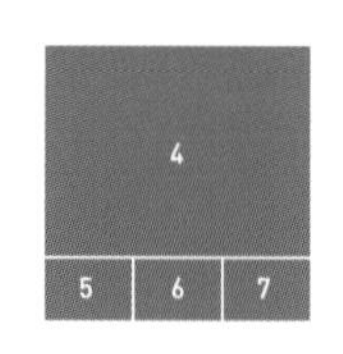

1 인공 수로 주변 식재
2 옥상전경
3 휴게공간 디테일
4 옥상정원 입면녹화
5, 6, 7
정원주변 디테일

1 옥상정원 부분전경
2, 3, 4
정원주변 디테일

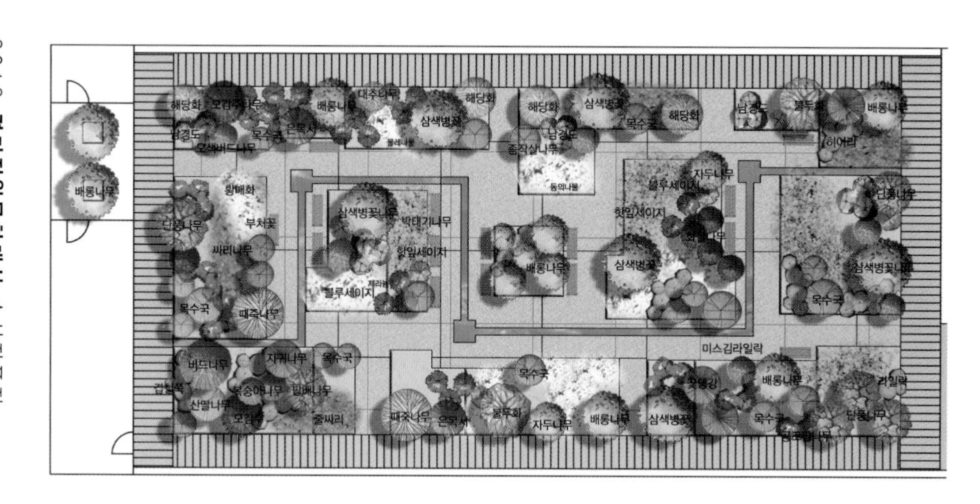

해당화
배롱나무
대추나무
해당화
삼색병꽃
남경도
목수국
오색버드나무
종작살나무
동의나물
해당화
삼색병꽃
목수국
해당화
배롱나무
히어리
황매화
부처꽃
단풍나무
싸리나무
삼색병꽃나무
박태기나무
황잎세이지
블루세이지
배롱나무
자두나무
블루세이지
핫잎세이지
삼색병꽃
삼색병꽃나무
목수국
단풍나무
미스김라일락
목수국
때죽나무
버드나무
자귀나무
목수국
복숭아나무
팥배나무
산딸나무
줄싸리
때죽나무
불두화
자두나무
배롱나무
삼색병꽃
꽃댕강
배롱나무
목수국
단풍나무
라일락

1 정원 평면도
2, 3, 4
정원주변 디테일

수 상 소 감

ALTO

알 토

임직원의 휴식과 회사행사를 위한 아늑하고 쾌적한 공간으로 사용되고 있습니다. 꽃과 나무, 물과 빛이 있는 친환경적인 정원으로 감상의 목적과 건강한 휴식의 목적을 동시에 취할 수 있습니다. 모던한 디자인이 특징인 세련된 정원입니다.

네덜란드 로테르담 여행 중 우연하게 방문한 작은 정원에서 영감을 받아, 우리나라에서는 흔히 볼 수 없는 미니멀리즘 스타일의 공간구성으로 정원을 조성하였습니다. 하지만 정원 공간별 구성된 식생들은 사계절을 감상할 수 있는 다채롭고 아름다운 수종을 선택하여 배치하였습니다.

COMMUNITY GARDEN

공동정원부문 수상작

우리꽃 사랑

우리 가족뿐만 아니라 정원을 다녀가시는 모든 분들의 마음이 치유되는 편안한 정원을 꿈꾸고 있습니다.

정원 정보

주소	경기도 가평군 북면 이곡리 534
면적	450㎡
정원을 가꾼 기간	5~10년
정원의 용도	• 꽃과 나비를 즐기는 아름다운 정원 • 넓은 잔디밭으로 푸르름을 즐기는 정원 • 조각이 있는 예술적인 영감이 있는 정원
시설물 현황	연못, 분수, 데크, 파고라, 조형물, 퇴비통, 직접 만든 도자기 소품, 현무암 석부작

상록교목	주목
낙엽교목	벚나무, 단풍, 매화, 산딸나무
상록관목	반송, 눈주목, 회양목
낙엽관목	철쭉, 조팝, 쥐똥, 붉은병꽃, 말발도리, 목련, 회화, 느티, 이팝, 물앵두, 산당화, 윤노리, 삼백버드나무 외 다수
숙근초	붓꽃, 금낭화, 돌단풍, 맥문동 외 다수
일년초	족두리, 과꽃, 메리골드, 꽃양귀비, 두메양귀비, 맨드라미 외 다수
덩굴성	능소화, 인동, 포도, 으름, 담쟁이, 덩굴장미 외 다수

1 정원 산책로
2, 3, 4, 5
산책로 주변 디테일

1 2 3

1, 2, 3
직접 만든 도자기 소품과 식재의 조화

1 출입구 전면에서 바라본 전경
2, 3, 4
다양한 소품을 이용한 디테일

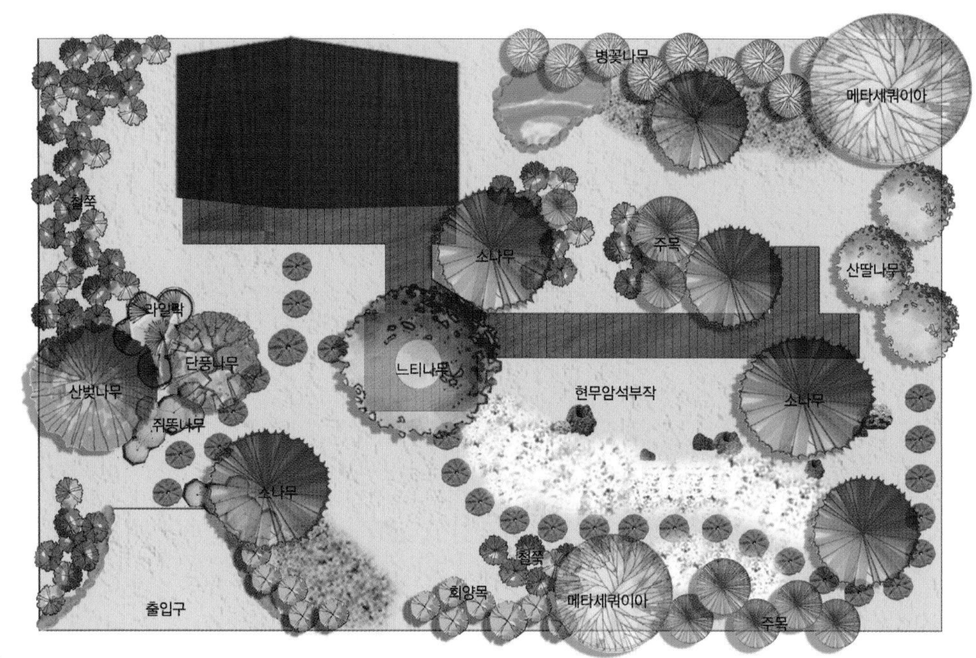
병꽃나무
메타세쿼이아
철쭉
소나무
주목
산딸나무
라일락
단풍나무
느티나무
산벚나무
현무암석부작
소나무
쥐똥나무
소나무
철쭉
회양목
메타세쿼이아
주목
출입구

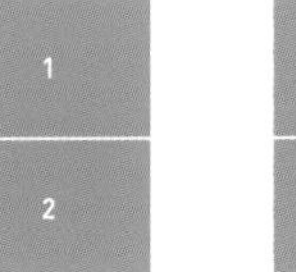

1 정원 평면도
2, 3, 4
다양한 소품을 이용한 디테일

수 상 소 감

남 궁 영
최 광 자

안녕하세요. 우리꽃사랑 남궁영, 최광자입니다. 우리정원은 우리가족의 손으로 조성되었습니다. 30여년 전부터 우리나라 꽃이 좋아 하나둘 심은 꽃이 지금은 300 여종으로 정원에 자리 잡고 있습니다. 요즘 꽃시장에 나가보면 꽃들도 세계화로 인해 국적도 모르는 꽃이 많이 있습니다
그런 면에서 보면 우리부부가 우리나라 꽃을 키우고 가꾸고 사랑함이 다행이라고 생각이듭니다. 우리집을 찾아오시는 주위에 많은 분들이 꽃을 보며 행복해하는 모습을 보며 행복을 느낍니다. 또한 여러분에게 분양도 하고 재배법도 이야기하며 보람과 긍지를 느낍니다. 앞으로도 좀더 다양한 야생화를 키우고 사랑하며 좀더 야생화를 알릴수 있는 정원을 만들어야겠다는 소망을 갖고 열심히 노력해야겠습니다.

COMMUNITY GARDEN
공동정원부문 수상작

꿈이 있는 동산

어린이와 어른들이 함께 다양한 식물들을 배우고 경험할 수 있는 정원
여백의 땅에 지금보다 더 다양한 소채류와 허브를 심어서 나눌 수 있는 정원을 만들고 싶습니다.

주소	경기도 성남시 분당구 금곡동 45-1
면적	1,050㎡
정원을 가꾼 기간	3~5년
정원의 용도	• 꽃과 나비를 즐기는 아름다운 정원 • 유기농 먹거리를 위해 텃밭이 있는 실용정원 • 큰나무 그늘에서 쉬거나 차를 마시는 정원
시설물 현황	데크, 퇴비통

상록교목	소나무, 주목, 잣나무
낙엽교목	벚나무, 단풍, 매화나무
상록관목	반송, 회양목, 사철나무
낙엽관목	철쭉, 영산홍, 조팝
숙근초	붓꽃, 금낭화, 돌단풍, 맥문동
일년초	코스모스, 백일홍, 족두리
덩굴성	능소화, 인동, 포도

예드림교회
대한예수교장로회
예드림교회

1, 2, 3
정원주변 디테일

1	2
	3

1, 2, 3
정원주변 디테일

COMMUNITY GARDEN
공동정원부문 수상작

성남시 율동생태학습원 그린마루 온실

장애인들과 일반시민들이 함께 즐기고 가꾸는 원예치료실이 있는 온실정원. 정원관리는 원예치료 수업을 받는 대상자(특수학급 장애학생 등)들과 함께 하고 있습니다. 수업의 일부분은 항상 정원관리가 포함되어 있으며 잡초와 죽은가지, 잎의 제거, 시설물 관리, 가지치기 등의 작업을 함께 하고 있으며 영양제를 주거나 새로운 식물을 심는 작업도 함께 합니다.

정원정보

주소	경기도 성남시 분당구 율동 359
면적	360㎡
정원을 가꾼 기간	3년 이내
정원의 용도	• 꽃과 나비를 즐기는 아름다운 정원 • 연못이나 분수가 있는 시원스러운 정원 • 큰나무 그늘에서 쉬거나 차를 마시는 정원
시설물 현황	연못, 데크, 퇴비통, 치료교실(사무실, 테이블, 의자, 창고)

상록교목	후박나무, 벤자민고무나무, 동백, 홍가시, 아왜
상록관목	대나무, 율마, 팔손이, 소철, 호랑가시나무, 오렌지쟈스민, 후피향나무, 다정큼나무
숙근초	보스턴고사리
덩굴성	아이비

1, 2, 3
정원주변 디테일
4 정원 산책로

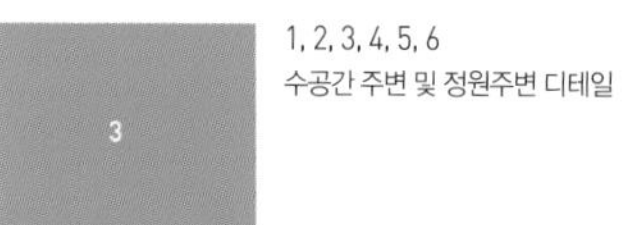

1, 2, 3, 4, 5, 6
수공간 주변 및 정원주변 디테일

COMMUNITY GARDEN
공동정원부문 수상작

옥상하늘공원

휴식공간 제공 및 운동 조깅코스로 시콕스타워 상주인원 모두가 휴식을 즐기고 편하게 산책할 수 있으면서 도심속에서 건강을 챙기는 아름다운 공원이 되었으면 합니다.

주소	경기도 성남시 중원구 상대원동 513-14
면적	2,485㎡
정원을 가꾼 기간	5~10년
정원의 용도	• 큰나무 그늘에서 쉬거나 차를 마시는 정원 • 넓은 잔디밭에서 푸르름을 즐기는 정원 • 조각이 있는 예술적인 영감이 있는 정원
시설물 현황	파고라, 그림벽화, 정자

상록교목	소나무, 주목
낙엽교목	벚나무, 단풍, 매화, 산딸, 자두
상록관목	반송, 눈주목, 회양목, 목련, 꽃사과
낙엽관목	철쭉, 영산홍, 조팝나무
숙근초	금낭화, 돌단풍, 공작단풍
일년초	백일홍
덩굴성	능소화, 덩굴장미

1 트렐리스 주변
2, 3
정원주변 디테일

1

2

3

4

1, 2
정원주변 디테일
3 옥상전경
4, 5, 6
정원주변 디테일

COMMUNITY GARDEN
공동정원부문 수상작

옥터초등학교 학교커뮤니티 가든

학교 커뮤니티 가든은 옥터초등학교 학생 및 지역주민들이 누구나 함께 가꾸고 서로 교류할 수 있는 열린, 지역내 커뮤니티 정원으로 꾸며나가고자 합니다. 학교가 시작되어 모든 지역공동체가 참여하여, 오이도를 찾는 손님들이 차 한 잔 하며 쉴 수 있는 편안한 안식처로 만들고 싶습니다.

정원정보

주소	경기도 시흥시 정왕동 1988
면적	3,000㎡
정원을 가꾼 기간	3년 이내
정원의 용도	• 큰 나무 그늘에서 쉬거나 차를 마시는 정원 • 유기농 먹거리를 위해 텃밭이 있는 실용정원 • 친지들과 바베큐를 즐기는 즐거운 정원
시설물 현황	데크, 파고라, 퇴비통, 간이온실, 텃밭, 빗물저금통

주요 식재 수종

상록교목	소나무, 가이즈까향나무
낙엽교목	벚나무, 단풍, 느티나무
상록관목	회양목
낙엽관목	철쭉, 영산홍, 조팝나무
숙근초	맥문동
일년초	국화
덩굴성	등나무, 송악

1, 2
텃밭정원
3, 4, 5
정원주변 디테일

출처 _ 경기도청 블로그 '달콤한 나의 도시, 경기도(ggholic.tistory.com)'

1, 2, 3, 4, 5, 6
지역내 커뮤니티 정원

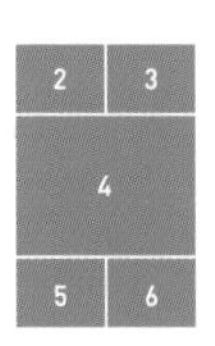

출처 _ 경기도청 블로그 '달콤한 나의 도시, 경기도(ggholic.tistory.com)'

COMMUNITY GARDEN
공동정원부문 수상작

향기나는 뜰

아이들이 쉴 수 있는 정원

주소	경기도 양평군 양서면 목왕리 639-1
면적	6,600㎡
정원을 가꾼 기간	5~10년
정원의 용도	• 넓은 잔디밭으로 푸르름을 즐기는 정원 • 유기농 먹거리를 위한 텃밭이 있는 실용정원 • 큰나무 그늘에서 쉬거나 차를 마시는 정원 • 연못이나 분수가 있는 시원스러운 정원 • 꽃과 나비를 즐기는 아름다운 정원 • 조각이 있는 예술적인 영감이 있는 정원
시설물 현황	연못, 분수, 데크, 파고라, 조형물, 퇴비통, 야외무대, 야외등, 야외스피커

상록교목	소나무, 주목, 구상나무, 금송
낙엽교목	벚나무, 단풍, 느티, 산수유, 목련, 자작나무
상록관목	반송, 회양목
낙엽관목	철쭉, 영산홍, 조팝, 화살, 블루베리, 버들, 뽕나무, 복숭아, 산수국, 수국, 애기사과, 자두, 모과, 배, 라일락
숙근초	붓꽃, 금낭화, 돌단풍, 맥문동, 작약, 목련, 국화, 튤립, 수선화, 수국, 노루오줌
일년초	코스모스, 백일홍, 족두리, 접시꽃, 봉숭아, 붓꽃, 바늘꽃
덩굴성	능소화, 인동, 포도

1 정원 산책로
2, 3, 4
조형물을 이용한 디테일

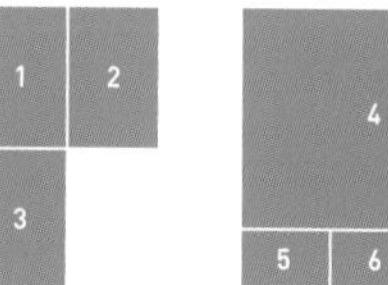

1, 2, 3
정원 산책로와 수공간 주변
4 메인 주변 전경
5, 6, 7
정원주변 디테일

NETIZEN GARDEN
네티즌 인기상 수상작

공동네티즌 인기상 폴의 골목

COOPERATION NETIZEN GARDEN

공동네티즌 인기상부문 수상작

폴의 골목

주변 자연과 조화로우면서 심플하고 모던한 정원

주소	경기도 양평군 서종면 수입리 215-9
면적	1,200㎡
정원을 가꾼 기간	3~5년
정원의 용도	• 넓은 잔디밭으로 푸르름을 즐기는 정원 • 유기농 먹거리를 위해 텃밭이 있는 실용정원 • 친지들과 바베큐를 즐기는 즐거운 정원
시설물 현황	데크, 파고라

상록교목	서양측백
낙엽교목	단풍, 매화, 자작나무
상록관목	반송, 눈주목, 사철나무
낙엽관목	조팝나무
숙근초	붓꽃
덩굴성	담쟁이

1 2 3

1, 2, 3
정원주변 디테일

1 실내에서 바라본 정원 산책로
2, 3
정원주변 디테일
4 외부에서 바라본 전경

2013

COOPERATION NETIZEN GARDEN

화보로 보는 경기정원문화대상

2013
2013

2013
정원문화대상
시상식
2013

'2013 경기정원문화대상' 수상작 종합 심사평

올해로 3번째를 맞는 '2013 아름다운 정원 대상'은 2011년도에 개최된 2회에 비해 전체 응모작품 개수는 적었지만 응모된 정원들이 다양하고 공동정원보다는 개인정원이 많이 응모되었다는 것이 긍정적인 변화라고 할 수 있다. 특히, 응모된 정원의 규모와 주제, 그리고 정원을 가꾸는 주체들이 다양해졌다는 것에 주목한 필요가 있다. 공동정원의 경우, 카페, 펜션, 공동주택단지, 공장사옥, 교회 등 다양한 모습들을 만날 수 있다. '2013 경기정원문화대상'에서 읽혀지는 중요 키워드는 개인정원의 경우 디테일이라면 공공정원의 경우 다양성이라고 해도 과언이 아니다. 이제 정원이 개인 소유물을 넘어 공동이 함께 만들고 즐기는 생활의 일상과 접점을 갖는 것을 보여주는 바람직한 변화의 단면이라고 할 수 있다. 그만큼 정원이 누구나 경험하고 즐기는 일상(日常)과 일생(一生) 속에 스며들고 있다는 것을 느낄 수 있게 한다. 정원관련 잡지가 최근 3개나 창간되는 것과 무관하지 않은 정원문화의 가능성을 엿보게 하는 장면들이라 고무적이다. 그동안 어려운 여건과 주변의 인식부족에도 불구하고 경기농림진흥재단이 생활 속의 녹색문화, 정원문화 확산을 위해 시작한 정원문화박람회, 정원문화대상을 주도하여 노력한 역할이 한몫했다고 평가할 수 있다.

정원을 가꾸는 주체가 누구이고, 가꾸고 있는 정원을 즐기는 주체가 누구인가에 따라 개인정원과 공동정원으로 구분하여 신청한 '2013 경기정원문화대상'은 공동정원 10개소, 개인정원 25개소 총 35개 정원이 신청되었다. 조경설계가, 가든디자이너, 시민정원사를 꿈꾸는 시민, 정원잡지 편집장, 조경분야 대학교수 등 정원관련 전문가로 구성된 심사위원에 의해 서류심사와 현장심사가 공정하게 이루어졌다. '아름다운 정원'이 물리적인 모양새와 꼴에 집중해야 하는지, 시민들의 순수한 열정과 자발성으로 정원을 만드는 아름다운 사람들에 관심을 가져야하는지 등을 종합적으로 평가하려고 했다. 서류, 현장심사를 통해 소박하면서도 열정적으로 정원을 꿈꾸고 정원을 가꾸는 일반 시민들과 단체, 기관들을 만날 수 있었을 뿐만 아니라 전문가들 못지 않은 놀라운 솜씨로 가꾼 아름다운 정원을 흠뻑 즐기는 시간을 보낼 수 있었다.

2013년 경기정원문화대상은 개인정원분야에 돌아갔다. 34개의 정원을 물리치고 대상을 받은 양평군 서종면에 위치한 "자연과 함께하는 정원"은 캐나다의 부차드가든을 수차례 방문하며 느꼈던 아름다움을 재현하기 위해 13년 동안 손수 가꾼 정원이다. 정원을 염두해두고 집과 땅을 구입했으며, 차경기법이 활용되어 주변 계곡의 자연과 가꾸어진 정원의 조화는 전문가 수준이라고 평가받을 수 있다.

10개 공동정원 중 최우수상을 수상한 "알토공장 옥상정원"은 기능적인 옥상녹화에서 벗어나 꼼꼼하고 세심한 디자인을 바탕으로 옥상녹화의 새로운 가능성을 엿보게 하는 아름다운 정원이다. 조명회사답게 야간의 조명과 어우러지는 정원은 상상 이상의 감동을 연출하고 있다.

개인정원의 최우수상을 수상한 "드림 하트"를 비롯하여 우수상의 "소나무동산", 장려상의 "자연사랑 놀이터", "솔향기 정원", "WATER GARDEN & OUTDOOR LIVING", "히어리", "뵈뵈 뜰, 샬롬" 등 개인정원의 수상작들은 주변 경관과의 조화, 자연소재(교목, 관목, 초화류 등)의 적절한 배치, 다양한 정원시설과 디테일한 정원 소재도입, 세심한 관리가 돋보이며 평균적으로 오랫동안 지속적인 보완과 조성이 이루어져서 만들어낸 아름다운 앙상블이라는 공통점을 갖고 있다.

다채로운 규모와 주제로 흥미로운 유형으로 구성된 공동정원의 경우는 카페, 교회, 펜션, 아파트형 공장옥상, 학교정원 등 장소와 특성이 다양해서 나름대로 가치와 의미가 존재한다. 특히, 공동정원 중 최우수상의 "알토공장 옥상정원", 장려상의 "옥상 하늘 공원"은 공장직원과 입주업체직원의 정원, 우수상의 "우리꽃 사랑"은 펜션이용자들을 위한 정원, 장려상의 "향기나는 뜰"은 카페이용자를 위한 정원, 성남시 율동생태학습원 "그린마루 온실"은 관람객과 장애인을 위한 정원, 시흥시 옥터초등학교 "학교커뮤니티가든"은 학교와 마을구성원이 함께하는 공동체정원, 성남시 "꿈이 있는 동산"은 교회신도들을 위한 정원으로 정말 다양한 대상자들을 위한 여러 사람들이 행복할 수 있는 아름다운 정원들이다.

이렇듯 여러 곳에서 가꾸어져 온 개인과 공동의 정원을 발굴하고 칭찬하는 일이야 말로 '2013 경기정원문화대상'의 가장 큰 수확이고 보람이다. 성과의 이면에는 항상 변화와 발전을 위해서는 넘어야할 과제와 극복해야할 한계가 존재한다. 아직도 우리들에게 정원을 가꾸는 사람들이 절대적으로 많지 않다. 사실 그래서 '경기정원문화대상'사업이 필요한지도 모른다. 정원을 소유한다는 것이 쉽지 않은 일이고, 개인정원의 경우는 문턱이 높다. 정원을 조성할 땅도 필요하고, 전문가가 만들어주지 않는다면 정원소유주가 알아야 할 것도 많고, 열정과 노력이 수반되지 않으면 남에게 자랑을 하기도 쉽지 않다. 개인정원에 대한 분야에 비해 다소 응모가 저조한 공동정원에 대한 분야를 세분하여 관심을 높이고 좀 더 확산되도록 하는 것이 필요할 듯하다. 개인정원과 공동정원을 바라보는 관점에도 차이가 있다. 다른 관점에 의거하여 공모하고 수상작을 선정하는 지혜도 고민할 필요가 있다.

정원문화는 대한민국의 문제와 아픔을 치유하는데 중요한 역할을 하고 있다. 초고령화 사회로의 진입, 베이비붐 세대의 은퇴 등 사회현상과 인구변화는 정원문화의 확산에 기회요인이다. 더욱 많은 시민들이 정원을 꿈꾸고 직접 가꾸는 가드너로 성장하도록 하기 위해서는 아름다운 정원을 가꾸는 사람들을 칭찬하고 그들의 정원을 공유하는 것이 필요하다. 앞으로의 좀 더 발전되는 정원문화대상을 기대한다.

'2013 경기정원문화대상' 심사위원

번호	소 속	직 책	이 름
1	상명대학교	명예교수	방 광 자
2	한경대학교	교 수	홍 윤 순
3	신구대학	신구대학 식물원 원장	김 인 호
4	(주)오브제프랜	소 장	문 현 주
5	환경조경나눔연구원	사무국장	안 명 준
6	조경작업소 울	소 장	김 연 금
7	도시정원을꿈꾸는사람들	회 장	김 헌 수
8	환경과조경	전무이사	백 정 희
9	(사)한국조경사회	감 사	김 은 성
10	경기개발연구원	연구위원	이 양 주
11	경기도 공원녹지과	도시녹지담당	신 광 선

'2013 경기정원문화대상'

공모개요

- **공모전명** : 제3회 경기정원문화대상
- **사업기간** : '13. 1 ~ 5월
- **공모분야** : 개인주택정원, 함께 가꾸는 공동체정원 총 2개 분야
- **시상내역** : 총 17개소, 15,000천원
  - ▶ 대 상 (1개소) : 동판 및 상장, 상금 300만원
  - ▶ 최우수상 (분야별 1개소) : 동판 및 상장, 상금 200만원
  - ▶ 우 수 상 (분야별 1개소) : 동판 및 상장, 상금 100만원
  - ▶ 장 려 상 (분야별 5개소) : 동판 및 상장, 상금 50만원
  - ▶ 네티즌인기상 (분야별 1개소) : 동판 및 상장, 상금 50만원

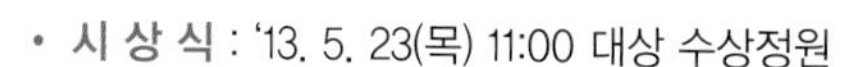

- **시 상 식** : '13. 5. 23(목) 11:00 대상 수상정원
  - ▶ 시상식 시 각 수상지별 동판 제작 및 부착
  - ▶ 우수정원의 지속적인 홍보를 위하여 '수상작품집' 제작 및 판매

- **추진일정**
  - ▶ 공모 및 접수 : '13. 3. 22(금) ~ 4. 14(일)
  - ▶ 1, 2차 전문가심사 : '13. 4. 16(화) ~ 5. 7(화)
  - ▶ 전국민 온라인투표 : '13. 4. 23(화) ~ 5. 7(화)
  - ▶ 최종당선작 발표 : '13. 5. 9(목) 14:00

공모요강

- **응모기간** : '13년 3월 22일(금) ~ 4월 14일(일)
- **응모분야** : 총 2개 분야
  ▶ (정성들여 가꾸는) 개인정원, (모두 함께 가꾸는) 공동정원

구 분	응모 대상 기준	신청자
개인정원	– 개인 소유의 정원으로 주택이나 오피스빌딩, 공장 등 개인 또는 소규모 단체 소유의 비교적 작은 정원 – 개인이나 해당 저층 건물, 정원의 소유(또는 입주)자	개인
공동정원	– 공동 소유의 정원으로 아파트, 연립주택, 마을정원 등 공동주택이나 대규모 오피스빌딩 등 많은 사람이 함께 소유하는 비교적 큰 규모의 정원 – 정원을 아름답게 유지 · 관리하고 있는 개인이나 공동주택의 부녀회, 입주자회, 주민자치회, 관리사무소 등의 단체 중심	개인 및 단체

* 정원은 건축물과는 성격이 달라 엄밀한 의미에서의 대상 구분이 어려운 경우가 많으므로 응모작은 추후 심사위원회의 회의를 통해 보다 상세한 심사기준을 적용할 예정이며, 심사 진행 관련 모든 사항은 원칙적으로 심사위원회의 결정에 따름

- **응모자격** : 경기도 내 소재한 정원
- **신청방법 및 내용**
  ▶ 재단 홈페이지(www.ggaf.or.kr)에서 신청양식에 의거 온라인 신청
  ▶ 온라인 신청시에는 정원의 이름, 유형, 위치, 면적, 조성년도, 조성목적, 식재수종, 정원시설물, 관리방법, 관리시간, 관리주체, 꿈꾸는 정원에 관한 설문조사가 포함되어 있음
  ▶ 정원평면도 대략 스케치 후 첨부
  ▶ 정원사진 5매(디지털이미지(1,024×768)이상, jpg파일) 이하 첨부

살기좋은 도시 활짝웃는 농촌
경기농림진흥재단이 함께 합니다.

경기농림진흥재단은 이런 일을 합니다.

민간녹화 활성화

옥상 · 벽면 · 담장녹화, 빌딩숲 도시에 쾌적함과 활력을 불어넣은 '도시녹지 조성 및 지원사업', 생활속의 정원문화 확산을 위한 '경기정원문화박람회 개최, 경기정원문화대상, 조경가든대학' 등으로 회색도시의 한뼘 자투리 땅까지 푸르게 가꾸어 사람과 자연이 함께하는 '녹색도시'를 만들어갑니다.

농업마케팅

소비자들에게 사랑받고 믿을 수 있는 경기도 G마크농산물과 친환경농산물, 경기우수농특산물 특별판매전 개최, 수원 · 고양 경기농특산물 전용판매관 운영, 경기미 소비촉진 등의 '희망 경기농산물 마케터'가 되어 농민들의 판로걱정을 덜어드립니다.

도농교류

도시민과 생산농가를 이어주는 농어촌체험투어와 초중학교에 농장을 개설해주는 학교농장조성 및 1교1촌 자매결연을 비롯하여 도시민 귀농 희망자에게 성공적으로 농촌 정착을 할 수 있도록 지원하는 '경기귀농귀촌대학'을 운영하는 등 도시와 농촌과의 교류를 통해 더불어 사는 지혜와 공감대를 형성할 수 있는 가교역할을 합니다.

연인산 도립공원 관리

자연경관을 비롯하여 다양한 동식물들이 서식하는 자연공원인 가평 연인산 도립공원을 2010년부터 관리운영하고 있으며, 공원관리 및 아이들을 위한 숲 체험학교 등을 운영합니다.

경기농림진흥재단은 **경기도**를 **나무**와 **숲**으로 둘러싸인
'그린경기 가든도시' 로 조성하고, **WTO, FTA** 등 **농업개방화**로 어려움에 처한
경기도 농촌 경제 활성화를 위해 설립된 **공공기관**입니다.

세계 속의 경기도 경기농림진흥재단

도시와 농업이 아울러 살아가는 경기도를 만들려 합니다.

경기도, 행복을 그린다
(green)